新编避震逃生指南

王尚彦◎主编

贵州科技出版社

·贵阳·

图书在版编目（CIP）数据

新编避震逃生指南 / 王尚彦主编 . —— 贵阳：贵州
科技出版社 , 2016.10（2020.6重印）
ISBN 978-7-5532-0519-9

Ⅰ . ①新… Ⅱ . ①王… Ⅲ . ①地震灾害—防治—指南
Ⅳ . ① P315.9-62

中国版本图书馆 CIP 数据核字 (2016) 第 228755 号

出版发行	贵州科技出版社
地　　址	贵阳市中天会展城会展东路 A 座（邮政编码：550081）
网　　址	http://www.gzstph.com http://www.gzkj.com.cn
出 版 人	熊兴平
经　　销	全国各地新华书店
印　　刷	旭辉印务（天津）有限公司
版　　次	2016 年 10 月第 1 版
印　　次	2020 年 6 月第 4 次
字　　数	50 千字
印　　张	5
开　　本	850 mm × 1168 mm 1/24
书　　号	ISBN 978-7-5532-0519-9
定　　价	25.00 元

天猫旗舰店：http://gzkjcbs.tmall.com

《新编避震逃生指南》

编写委员会

主　编：王尚彦

绘　图：李明灯　郭晴晴　王尚彦

技　术：蒋红涛　林　浩

序　言

　　自然的地球和人文的地球相互交叉，使自然灾害的发生成为可能，人类社会则是自然灾害的承载体，是自然灾害的袭击对象。

　　虽然我们无法阻止自然灾害的发生，但是却能够通过一些预防措施将自然灾害的风险降至最低。"预防为主"是减轻自然灾害最重要的措施及基本原则。

　　地震是地球内部积累的能量突然释放而引起的地球表层的快速振动，是自然灾害中对人类危害最大的灾难之一。因此，普及宣传地震的预防及应急救助等知识，是做好防震减灾工作的重点之一。

　　2013 年，贵州省地震局王尚彦博士主编了《图说避震逃生知识》，通过浅显易懂的图画方式，让读者：了解一些地震知识，知道地震是怎么回事；了解一些避震逃生的知识，知道地震来了怎么办；了解地震自救互救知识，知道发生地震后怎么自救和救别人。

经过近几年的出版传播，我们紧扣新媒体融合出版的方向，进行修订更新，将科普宣传的视频通过二维码技术嵌入本书中，几经讨论后书名确定为《新编避震逃生指南》。

希望本书的出版能够得到您的认可，让更多的朋友了解并掌握避震逃生技巧。

科普出版传播，我们在路上！

蒋红涛

2016 年 8 月

前 言

　　地震是一种突发性的、造成人员死亡和财产损失最为严重的自然灾害。1976年7月28日发生在我国唐山的7.8级地震,造成24万人死亡,16万人重伤。2004年12月24日印度尼西亚9.0级地震诱发海啸,造成30万人死亡和失踪。2008年5月12日,我国汶川8.0级地震,造成8.7万人死亡和失踪,直接经济损失高达8451亿元。2010年1月12日海地7.0级地震,造成22万人死亡。2011年3月11日日本9.0级地震诱发海啸,导致核泄漏,造成2万多人死亡,经济损失达上千亿美元。

　　目前的科学技术水平,我们还不能准确预报地震,更不能阻止地震的发生,但我们可以做到科学防御地震,最大限度减少人员伤亡和财产损失。了解地震知识、探索研究地震规律、做好建筑抗震设防、掌握避震逃生技能、训练自救互救能力，是防御地震的有效措施。

　　我十分感谢贵州科技出版社为本书付出的努力，感谢我的团队为本书付出的辛勤劳动，感谢贵州省科学技术协会将其列入科普作品出版计划。我衷心希望本书的出版，能提高了广大群众的防震、减灾安全意识的观念，对我们防震减灾工作具有重大现实的意义。

王尚彦

2016 年 8 月

CONTENTS　　　　　目　　录

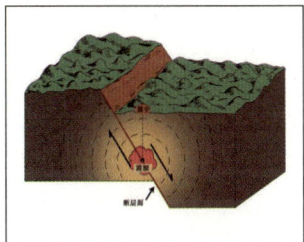

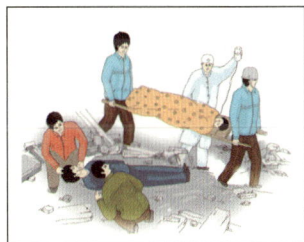

第一部分

地震基础知识

地震，俗称地动。广义地说，地震是地球表层的震动。地震和风、雨、雷、电一样，都是一种极为普遍的自然现象。

按地震的成因可将地震分为天然地震和人工地震两大类。自然作用形成的地震称天然地震（如构造地震、火山地震等）；人类活动诱发或引发的地震称人工地震（如水库地震、爆破地震等）。

　　构造地震是由地壳构造运动引起的地震。地壳或更深部位的岩石发生变形、断裂的滑动可以形成构造地震。构造地震是天然地震中强度大、最常见、灾害性最大的一类，占全球地震总数的 90% 左右。

新编避震逃生指南

震中

震源

断层面

由于火山作用过程中的岩浆活动、气体爆炸等引起的地震称为火山地震。火山地震只占全世界地震的 7% 左右。

　　由于地下岩洞等自然塌陷而引起的地震称为塌陷地震。这类地震的规模往往比较小，次数也很少，多发生在碳酸盐岩（石灰岩和白云岩）分布的地区。

爆破引发的地震是人类活动引发的人工地震。

水库地震多由水库的库水对库基作用形成的地震，是一种人工地震。

按地震震源深度将地震分为浅源地震、中源地震和深源地震。浅源地震指震源深度小于 60 千米的地震。全球 75% 以上的地震是浅源地震，震源深度大多为 5 ～ 20 千米。中源地震指震源深度为 60 ～ 300 千米。深源地震指震源深度大于 300 千米。

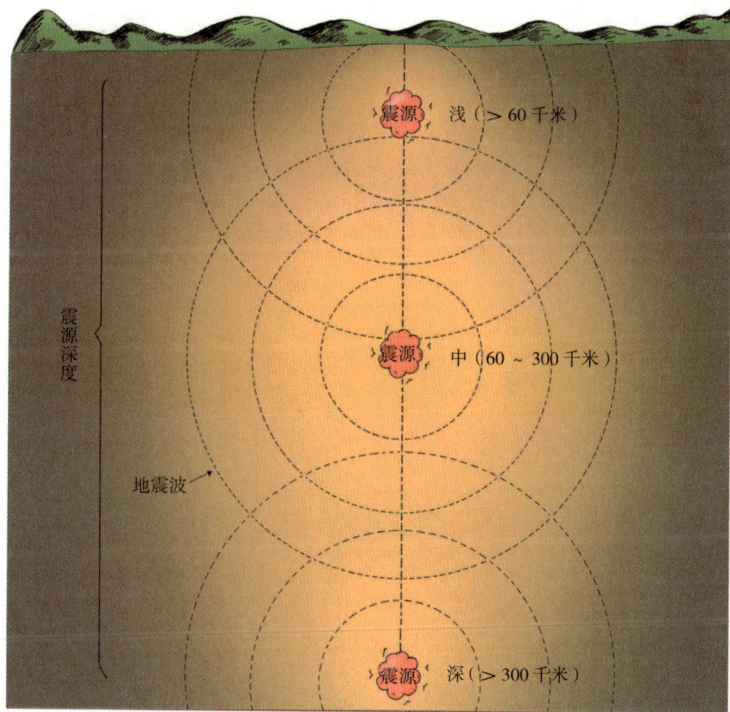

按震中距的大小将地震分为地方震、近震和远震。地方震指震中距在 100 千米以内的地震。近震指震中距在 100 ~ 1000 千米内的地震。远震指震中距在 1000 千米以上的地震。

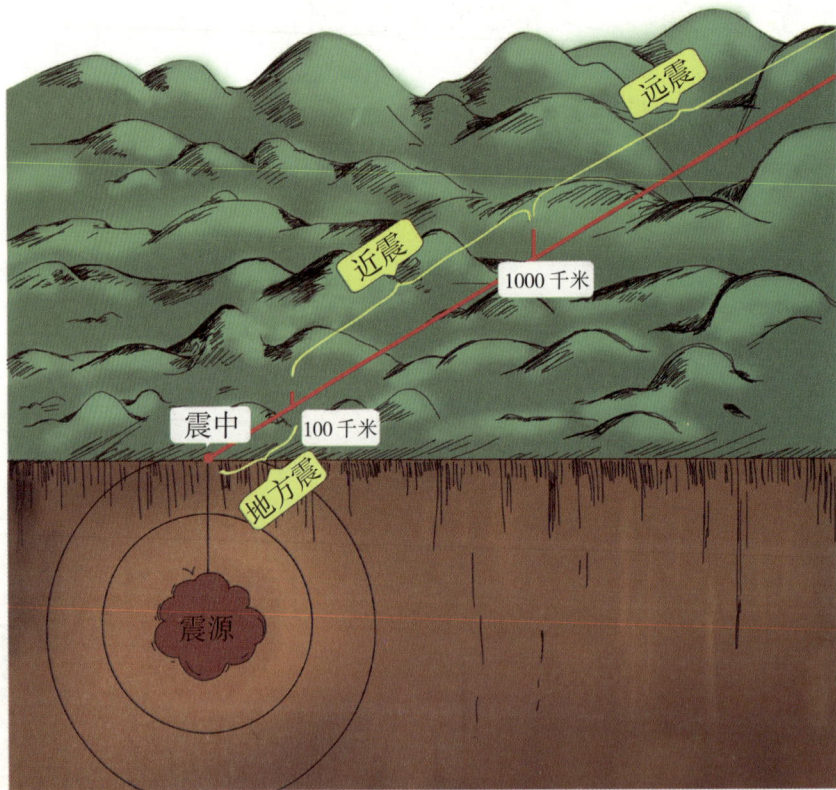

远震

近震

1000 千米

震中

100 千米

地方震

震源

　　按人对地震的感觉将地震分为无感地震、有感地震和破坏性地震。无感地震指震中附近的人不能感觉到但仪器可以监测到的地震。有感地震指震中附近的人能感觉到的地震。破坏性地震指造成人员伤亡和经济损失的地震。

　　震级是根据地震时释放能量的多少来划分的，震级可以通过地震仪器监测计算出来，震级越高，释放的能量也越大。中国使用的震级标准是国际通用震级标准，由美国地震学家里克特最先提出来，故又称"里氏震级"。一次地震，震级只有一个。地震的能量就是地震时孕震体释放出来的总能量。震级相差 1.0 级时，释放的能量相差大约 32 倍。一个 5.5 级地震释放的能量相当于 1 颗原子弹爆炸所释放的能量。

震　　级	相当能量的 TNT（吨）	相当原子弹数（颗）
5.5	20 000	1
6.0	120 000	6
7.0	3 600 000	180
7.8	56 000 000	2800
8.0	112 000 000	5600

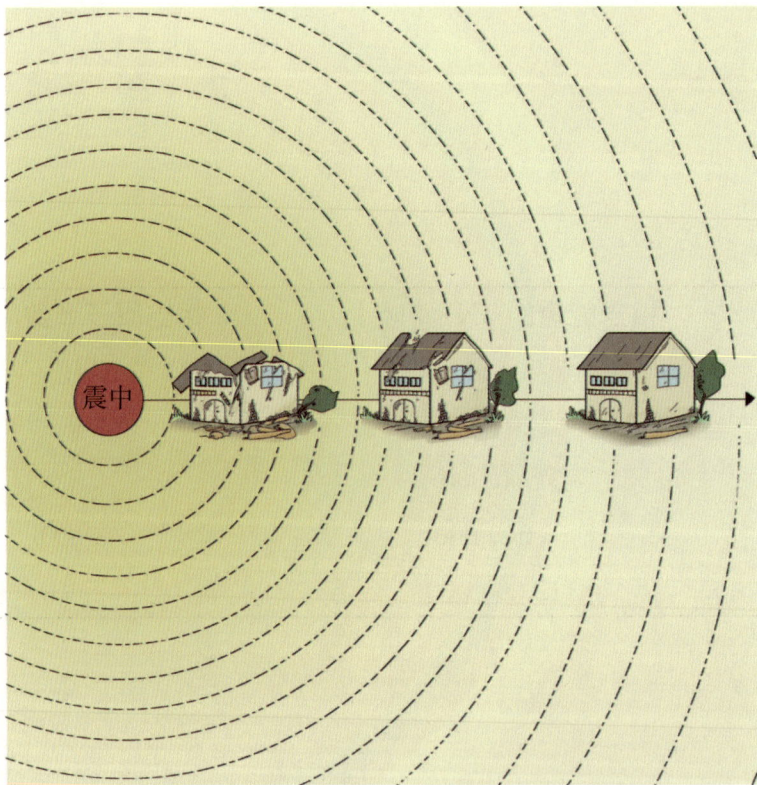

　　地震烈度是指地面及房屋等建筑物受地震破坏的程度。对同一个地震，不同的地区，烈度大小是不一样的。一般来说，距离震源近，破坏就大，烈度就高；距离震源远，破坏就小，烈度就低。

地震烈度Ⅰ度：无感，仅仪器能记录到。

地震烈度Ⅱ度：个别敏感的人在完全静止中有感。

地震烈度Ⅲ度：室内少数人在静止中有感，悬挂物轻微摆动。

地震烈度Ⅳ度：室内大多数人、室外少数人有感，悬挂物摆动，不稳器皿作响。

　　地震烈度Ⅴ度：室外大多数人有感，家畜不宁，门窗作响，墙壁表面出现裂纹。

地震烈度Ⅵ度：人站立不稳，家畜外逃，器皿翻落，简陋棚舍损坏，陡坎滑坡。

地震烈度Ⅶ度：房屋轻微损坏，牌坊、烟囱损坏，地表出现裂缝及喷沙冒水。

地震烈度Ⅷ度：房屋多有损坏，少数路基破坏塌方，地下管道破裂。

　　地震烈度Ⅸ度：房屋大多数破坏，少数倾倒，牌坊、烟囱等崩塌，铁轨弯曲。

地震烈度Ⅹ度：房屋倾倒，道路毁坏，山石大量崩塌，水面大浪扑岸。

　　地震烈度XI度：房屋大量倒塌，路基、堤岸大段崩毁，地表产生很大变化。

地震烈度XII度：建筑物普遍毁坏，地形剧烈变化，动植物遭到毁灭。

在一定时期内，发生在相近的同一地质构造带的一系列大小地震，称为地震序列。通常把一个地震过程中的无数次地震中最大的一次称为主震。主震前的一系列小的地震称为前震。主震后的一系列比主震小的地震称为余震。

　　根据地震序列，将地震分为 3 种基本类型：有突出主震的地震序列为主震型，根据主震与前震和余震的关系，又分为前震－主震型、主震－余震型和前震－主震－余震型；没有突出的主震，主要能量通过多次震级相近的地震释放出来的地震为群震型；地震能量基本上通过一次地震释放出来的地震为孤震型。

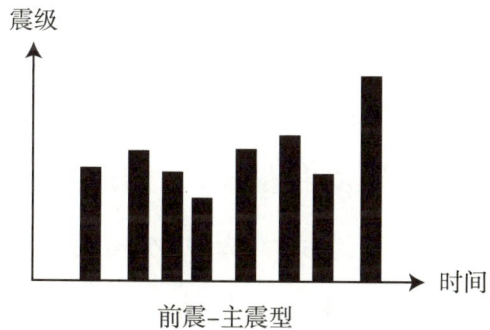

前震-主震型

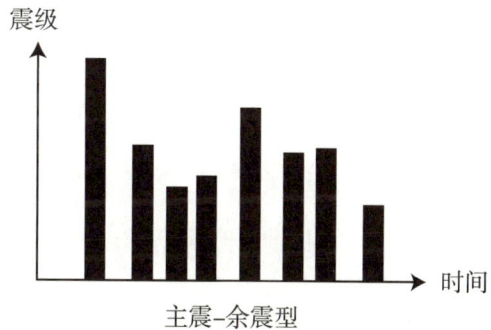

主震-余震型

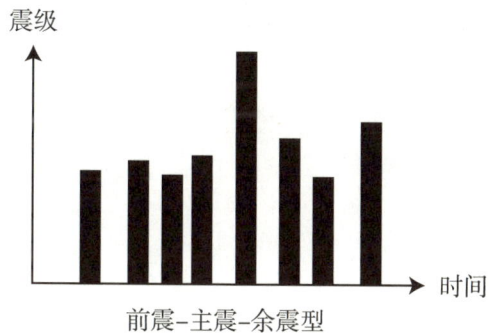

前震-主震-余震型

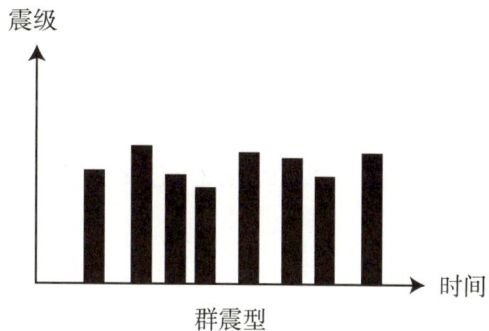

群震型

地震波是震源辐射的弹性波。地震发生后会产生多种地震波，地震波中最主要的是体波和面波。体波是纵波和横波的总称，面波为次生波。地震对地面的破坏主要由地震波造成。振动方向与传播方向一致的波为纵波（P波），纵波每分钟传播速度为 5～6 千米，能引起地面上下跳动。振动方向与传播方向垂直的波为横波（S波），横波每分钟传播速度为 3～4 千米，能引起地面水平晃动。面波（L波）实际上是体波（纵波和横波）在地表衍生而成的次生波，沿着地面传播，其传播速度慢，约为每秒 3.8 千米。

无地震波作用

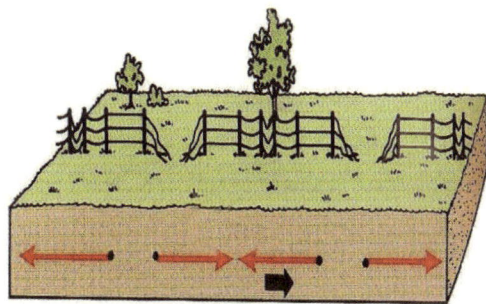

纵波（P波）

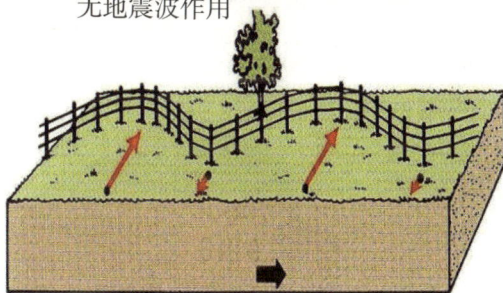

横波（S波）

面波（L波）

　　全球每年发生的地震总数约为 500 万次，其中人能感觉到的地震约 5 万次。能造成破坏性的 5 级以上地震约 1000 次。其中，5～5.9 级地震 800 次左右，6～6.9 级地震 120 次左右，7～7.9 级地震 18 次左右，8 级以上大地震约 1 次。地震在全球的分布是不均匀的，板块结合部位是主要的地震分布区。宏观上，全球有 3 个主要地震带，即：环太平洋地震带、欧亚地震带、海岭地震带。

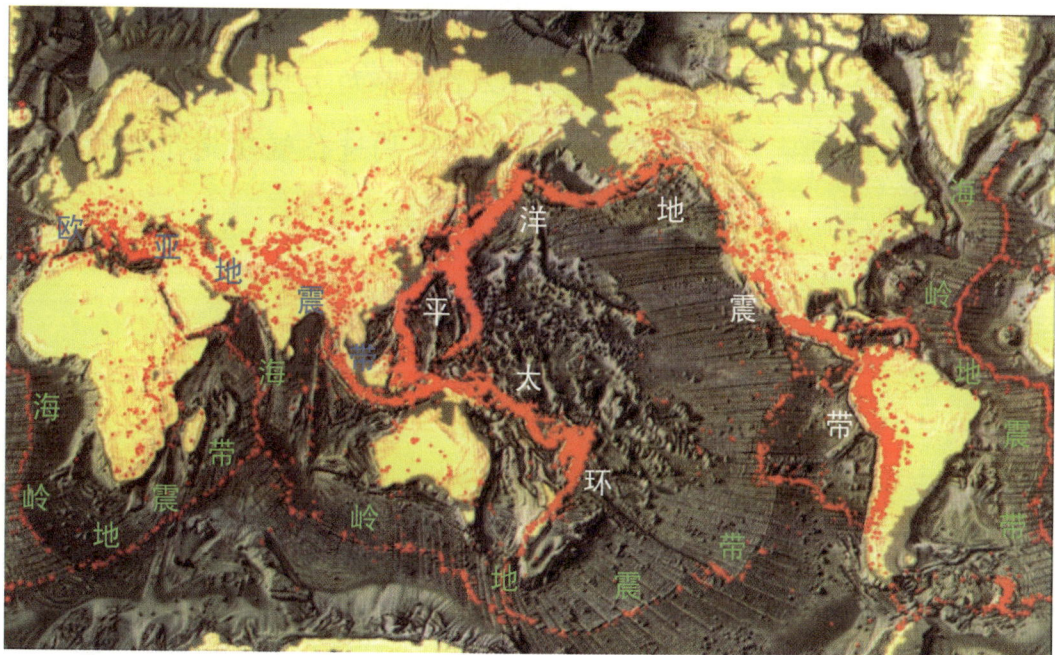

欧亚地震海岭地震带

海岭地震带

洋平太

地震带

岭地

环震带

海岭地震带

洋岭地震带

　　我国是一个地震多发的国家，位于世界两大地震带——环太平洋地震带与欧亚地震带的交汇部位。大地构造位置决定了我国地震频繁、震灾严重。

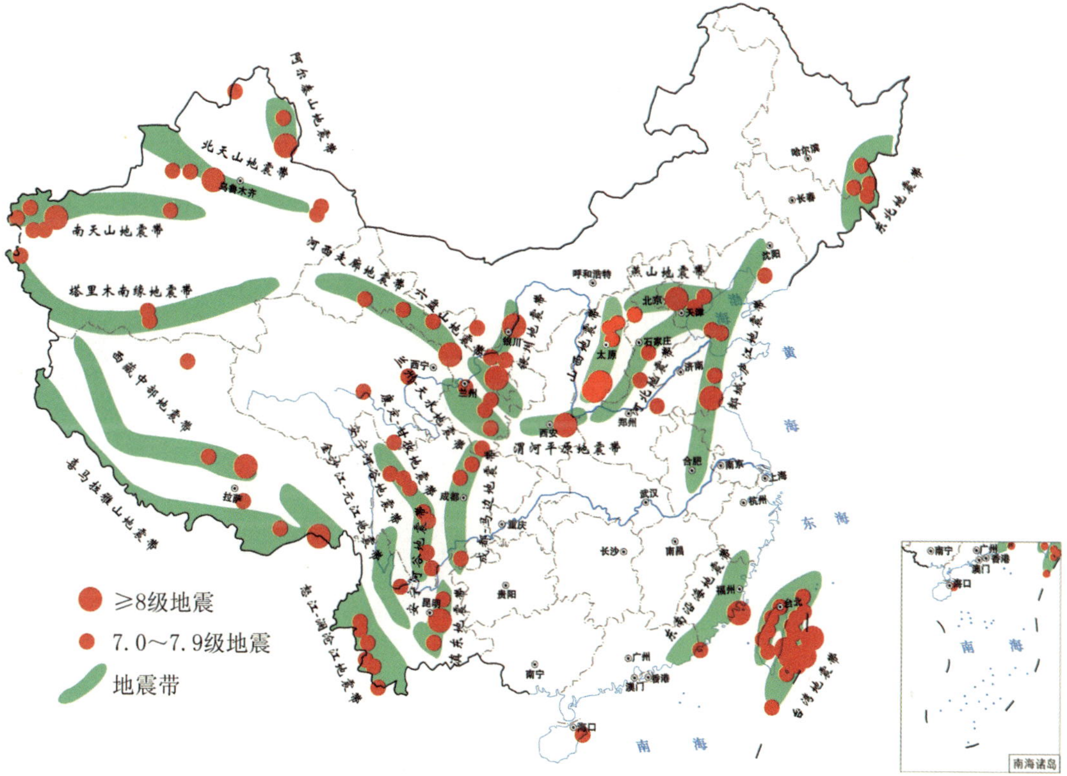

第一部分 地震基础知识

图例
- ⬤ ≥8级地震
- ● 7.0～7.9级地震
- 🟢 地震带

（地图中标注）

北天山地震带
南天山地震带
塔里木南缘地震带
西藏中部地震带
喜马拉雅山地震带
乌鲁木齐
拉萨
河西走廊地震带
阴山地震带
燕山地震带
东北地震带
哈尔滨
长春
沈阳
呼和浩特
北京
天津
石家庄
银川
太原
济南
郑州
西安
渭河平原地震带
合肥
南京
上海
武汉
重庆
成都
长沙
南昌
杭州
昆明
贵阳
广州
南宁
福州
台湾地震带
海口
香港
澳门
黄海
东海
南海
南海诸岛
南宁 广州 香港
澳门 海口

　　青藏高原及其周缘和华北是我国两个重要地震分布区，前者包括库什山、西昆仑山、阿尔金山、祁连山、贺兰山—六盘山、龙门山、喜马拉雅山及横断山脉东翼诸山系所围成的广大高原地域，后者包括河北、河南、山东、内蒙古、山西、陕西、宁夏、江苏、安徽等省（区）的全部或部分地区。根据我国已经发生的地震的分布，并结合地震地质构造，划分出了 20 多个地震带。

地球表层由若干地块拼接而成，这些不同的地块被称为板块。全球地壳划分为太平洋板块、亚欧板块、非洲板块、美洲板块、印度洋板块和南极洲板块。板块之间的边界是大洋中脊或海岭、深海沟、转换断层和地缝合线。海底扩张被认为是板块运动的基本动力的来源。

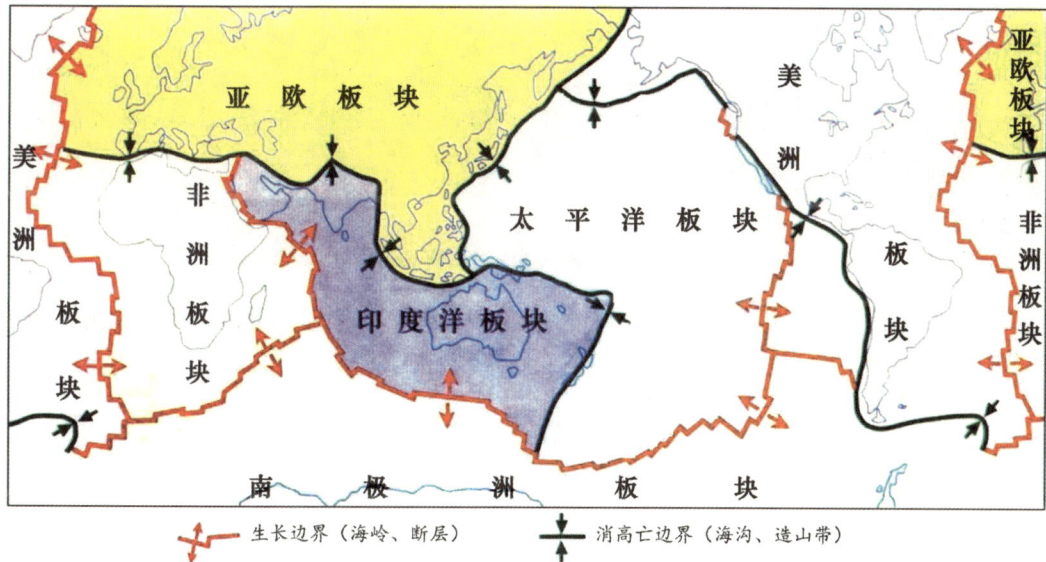

亚欧板块
美洲板块
非洲板块
印度洋板块
太平洋板块
美洲板块
亚欧板块
非洲板块
南极洲板块

生长边界（海岭、断层）　　消高亡边界（海沟、造山带）

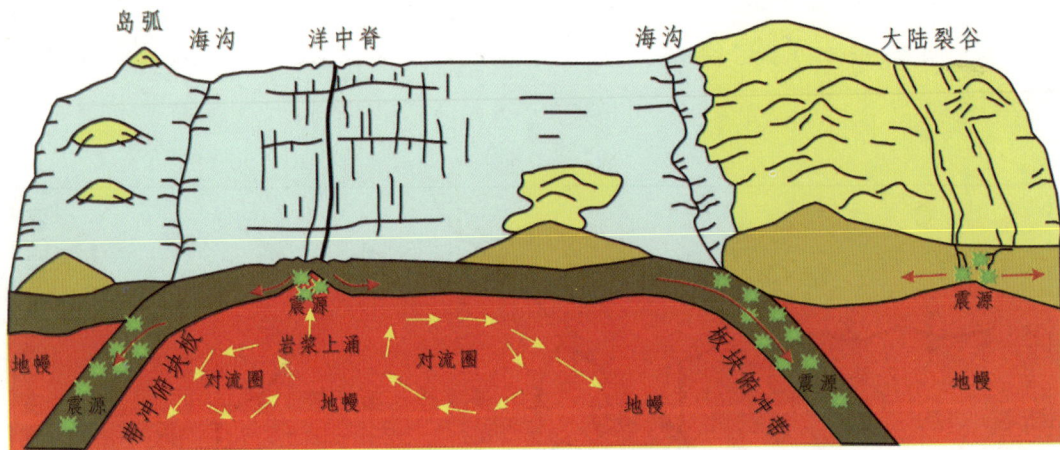

岛弧　海沟　洋中脊　海沟　大陆裂谷

地幔　带冲俯块板　对流圈　震源　岩浆上涌　对流圈　地幔　地幔　板块俯冲带　震源　震源　地幔

　　板块在它下面的软流层流动的驱动下，不停地移动。在板块边界，由于板块运动和碰撞引发的地震，称为板缘地震；在板块内部的地震称为板内地震。全球地震分布特征显示，地震主要分布在板块结合部位。因此，地震明显受板块构造控制。

第二部分

地震逃生知识

目前的科学技术水平，还不能准确预报地震，更不能阻止地震发生。但掌握必要的避震逃生知识，当地震发生时，可以有效地减少伤亡。

在地震发生时，有一些基本的避震原则，平时牢记并熟练掌握这些原则，震时则能从容应对。应保持镇定，从容分析自己的具体情况。例如：单层平房，第一时间迅速逃离房屋；住在高层楼房里的居民，震时先找安全地方躲避，震后迅速逃离。

迅速关掉煤气。用嗅觉检查煤气，绝不能用点燃的火柴和蜡烛去检查。

如果可能，将火扑灭

关闭电源

立即切断电源，尽可能扑灭火源。

新编避震逃生指南

不要触摸电线及其相连的金属物体。

高层楼房不要跳楼。

不要滞留在床上。

不要钻进柜子或箱子里。

远离阳台和窗户。

忌用电梯
走安全通道

不要使用电梯。

开间较小的厕所等是较好的躲避地震的地方。

新编避震逃生指南

厕 所

蹲在暖气管旁也比较安全。

新编避震逃生指南

窗

门

煤气

炉具

远 离

尽可能离煤气和房屋墙体薄弱部位远一些。

逃离时最好用被子等护住头部。

在学校，地震时可躲在坚实的课桌下或旁边，用书挡住头，或用手抱住头。

在学校，地震时不要乱跑或跳楼、不要站在窗户旁、不要到阳台上去。

在工厂车间遇到地震时应迅速关闭总闸。

关闭总闸

在工厂车间遇到地震时应迅速关闭总闸。

关闭总闸

056

新编避震逃生指南

在车间，地震时可躲在车、机床及较高大设备下或旁边。

在商场，地震时应躲在近处的大柱子和大商品旁边（避开商品陈列橱）。

新编避震逃生指南

家电区

安全通道

　　在建筑宏大、人群大量聚集的体育场、电影院、剧场和会议室等，最佳的逃生方式是有人统一指挥，有秩序地快速疏散。

当被卷入混乱的人流中不能动弹时，首先要正确呼吸，用肩和背承受外来的压力，随着人流的移动而行动，不要逆流强挤。同时，弯曲胳膊、护住腹部，腿要站直，尽可能不要被别人踩倒。

　　特别应该注意的是，不要被挤到墙壁、棚栏旁边去。手不能插在口袋里，应随时做好防御的准备。同时，将携带的物品扔掉，用手臂来保护自己。

新编避震逃生指南

　　不坚固的平房，尤其是许多农村平房，在大的地震发生时，应选择迅速离开建筑物的逃生方式。

　　低层楼房（三层以下），建议用迅速撤离方式逃生。

车辆行驶时发生地震，司机应尽快减速，逐步刹车。

　　乘车时（特别在火车上），应用手牢牢抓住拉手、柱子或座椅等，并注意防止行李从架上掉下伤人。面朝行车方向的人，要将胳膊靠在前坐席的椅垫上，护住面部，身体倾向通道，两手护住头部。背朝行车方向的人，要两手护住后脑部，并抬膝护腹，紧缩身体，做好防御姿势。

在街道上行走遇到地震发生时，最好将身边的皮包或柔软的物品顶在头上。无物品时也可用手护住头。尽可能做好自我防护。

服装·时尚

避开高大建筑物或构筑物，如过街天桥、立交桥、高烟囱、水塔等。

高楼

烟囱

远!离

立交桥

广告牌

远!离

避开危险物如变压器、电线杆、路灯、广告牌、吊车等。

在城市，遇到地震时应迅速跑向比较开阔的地区躲避。

地震时如果在森林和树木旁边，应尽快躲到树林中去，树木越多越安全。

如果地震时在山坡或悬崖旁，要尽快逃离到开阔的地方。要注意山崩和滚石，如果发生崩塌、滑坡和泥石流，千万不能跟着这些灾害的移动方向往山下跑，而应向垂直方向向两侧奔跑。

来不及时也可寻找山坡隆岗或有大石头的地方，躲在其背后。

第三部分

自救互救知识

　　自救和互救是大地震发生后最先开始的基本救助形式。地震发生时，被埋压的人员绝大多数是靠自救和互救而存活的。据统计，在唐山大地震后的抢险救灾中，抢救时间与救活率的关系为：半小时内救活率95%，第一天救活率81%，第二天救活率53%，第三天救活率36.7%，第四天救活率19%，第五天救活率7.4%。这些统计数字说明，抢救生命的过程中，时间就是生命，耽误的时间越短，被埋压人员生存的希望就越大。因此，应当不等、不靠，尽早、尽快地开展自救互救。

大地震中被倒塌建筑物埋压的人，只要神志清醒，身体没有重大创伤，都应该坚定获救的信心，妥善保护好自己，积极实施自救。互救是指已经脱险的人和专门的抢险营救人员对埋压在废墟中的人进行的营救。震后，外界救灾队伍不可能立即赶到救灾现场，在这种情况下，为使更多被埋压在废墟下的人员获得宝贵的生命，灾区群众积极投入互救是减轻人员伤亡最及时、最有效的办法。

一定要充满信心。地震时如被埋压在废墟下，周围又是一片漆黑，只有极小的空间，一定不要惊慌，要沉着冷静，树立生存的信心，相信会有人来救你，要千方百计保护自己。

新编避震逃生指南

　　尽可能防止灰尘进入口鼻。如果随手可以找到湿毛巾、衣物或其他布料，尽可能用它们捂住口、鼻和头部，防止灰尘呛闷而发生窒息。

　　活动身体，尽最大努力活动手、脚，并尽可能清除脸上的灰土和压在身上的物件。

尽量支撑周围物体，扩大活动空间，保持足够的空气。用周围可以挪动的物品支撑身体上方的重物，避免进一步塌落。

互相鼓励，互相帮助。几个人同时被埋压时，要互相鼓励、共同计划、团结配合，必要时采取可行的脱险行动。

新编避震逃生指南

设法自己逃离。

寻找和开辟通道，设法逃离险境，朝着有光亮、更安全宽敞的地方移动。

新编避震逃生指南

　　寻找食物和水，合理安排使用。无法自己逃离的被压人员，尽可能找到食物和水。

水要计划着节约使用，尽量延长生存时间，等待救援。当身边没有可供的饮用水时，最有效的办法是喝自己的尿液，循环使用，可以最大限度地延长生命。

要节约用水，实在没有水，循环使用自己的尿液维持生命。

　　保存体力,尽量向外传递信息。当周围十分安静,或听到上面(外面)有人活动时,用砖、铁管等物敲打墙壁、水管等向外界传递信息。

当确定不远处有人时再呼救，以保存体力。

为了最大限度地营救遇险者，应遵循以下原则：先救埋压人员多的地方；先救近处被埋压的人员；先救容易救出的人员；先救轻伤和强壮人员，以扩大营救队伍；如果有医务人员被埋压，应优先营救，以增加抢救力量。

新编避震逃生指南

先救医务人员增加救援力量！

搜救犬是比较有效的寻找埋压人员的工具。

生命探测仪是比较现代化的搜寻埋压人员的工具。

音频生命探测仪

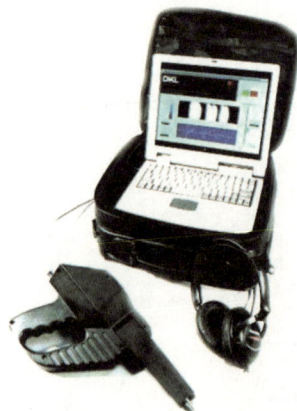

雷达生命探测仪

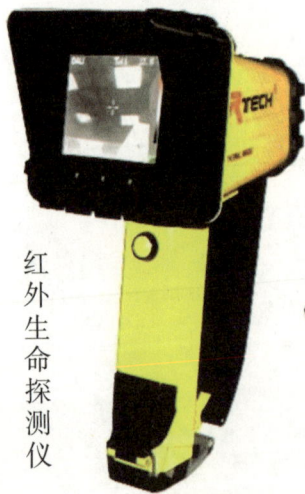

红外生命探测仪

可视生命探测仪

　　向了解情况的生存者询问，了解什么人住在哪些建筑内、震时是否外出、有什么生活习惯等，从中寻找可靠的线索。

观察废墟叠压的情况，特别是住有人的部位是否有生存空间。此外，也要观察废墟中有没有人爬动的痕迹或血迹。

　　倾听存活人员的动静。要卧地贴耳细听、利用夜间安静时听、一边敲打（或吹哨）一边听、有时通过外面的敲打，被困人员听到后也会回应，内外就联系上了。

分析倒塌建筑原来的结构、材料、楼层、倒塌状况，判断被埋压人员的生存情况。

挖掘时要注意保护好支撑物，清除埋压阻挡物，保证埋压者生存空间。在使用挖掘机械时要十分谨慎，越是接近埋压者，越应多采用手工操作。在抢救被埋压人员时，要掌握有效的方法，注意细节，达到救援的最大效能。首先抢救建筑物边沿瓦砾中的和其他容易获救的被埋压人员，扩大互救队伍。

先救容易救出来的被困人员！

新编避震逃生指南

首先抢救医院、学校、宾馆等人群密集场所的埋压人员

外援抢救队伍应当首先抢救医院、学校、旅馆等人群密集场所中被埋压的人员。

　　根据房屋结构，应先确定被埋压人员的位置，再行抢救，防止再次受伤。

注意搜听被埋人员的呼喊、呻吟、敲击器物等的声音。

抢救被埋人员时，不可用利器刨挖。

首先应确定被压埋者头部的位置，用最快速度使头部充分暴露，并清除口、鼻腔内的灰土，保持呼吸通畅。然后再暴露胸腹腔，如窒息者，应立即进行人工呼吸。

　　对于伤害严重、不能自行离开埋压处的人员，应该设法小心地清除其身上和周围的埋压物，再将被埋压人员抬出废墟，切忌强拉硬拖。

要妥善加强埋压者上方的支撑，防止在营救过程中上方重物的塌落。

新编避震逃生指南

如没有起吊工具而无法救出被埋人员时，可以送流质食物以维持生命，并做好记号，等待援助。

　　对饥渴、受伤、窒息较严重的、埋压时间较长的人员，首先应输送饮料和食品，然后边挖边支撑。

长时间埋压人员被救出后，要用深色布料蒙住眼睛，避免强光刺激。

新编避震逃生指南

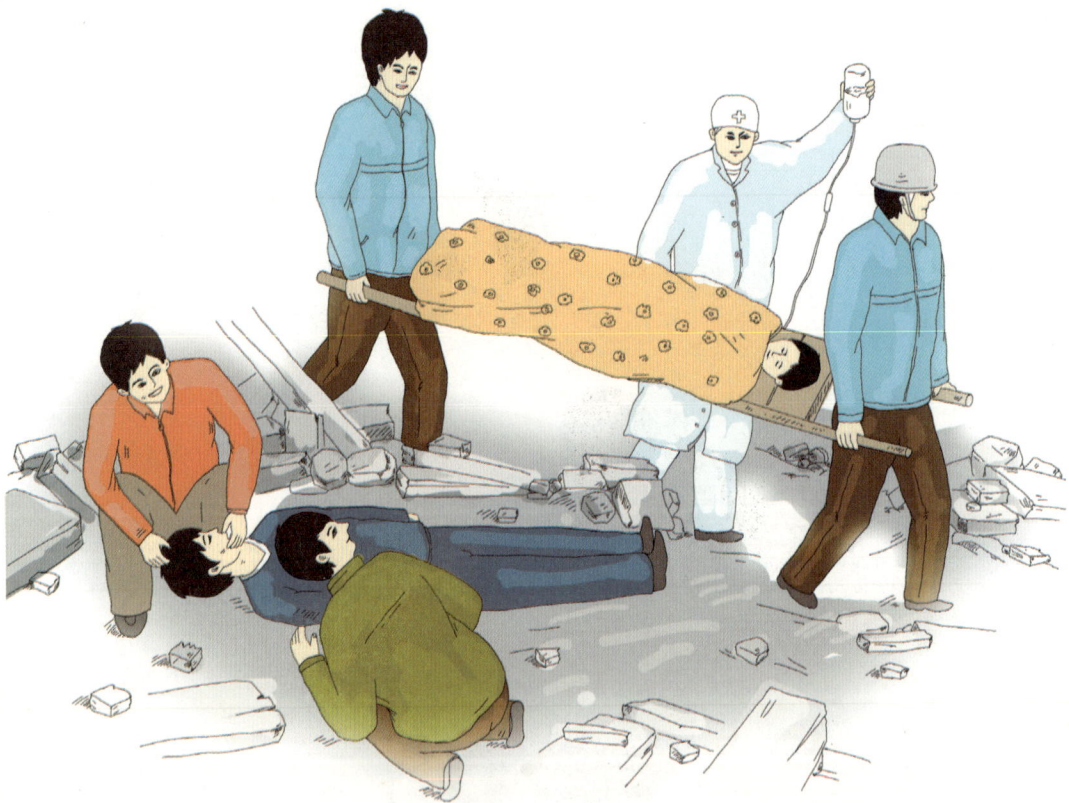

危重伤员应尽可能在现场进行急救，然后迅速送往医疗点或医院。

对于脊椎损伤者，挖掘时要避免加重损伤。在转送搬运时，不能扶着走，不能用软担架，更不能用一人抱胸一人抬腿的方式。最好是三四个人扶托伤员的头、背、臀、腿，平放在硬担架或门板上，用布带固定后搬运。

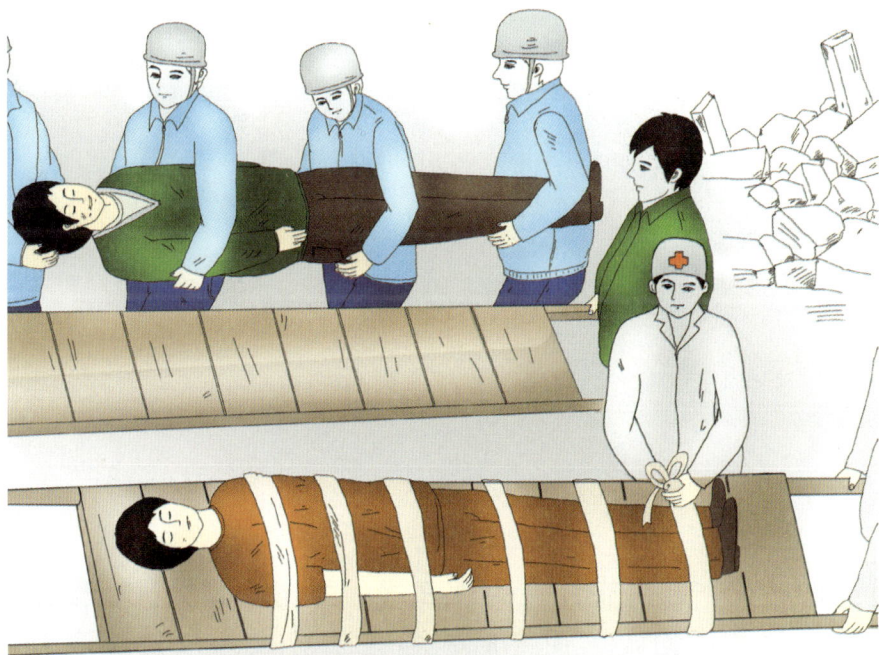

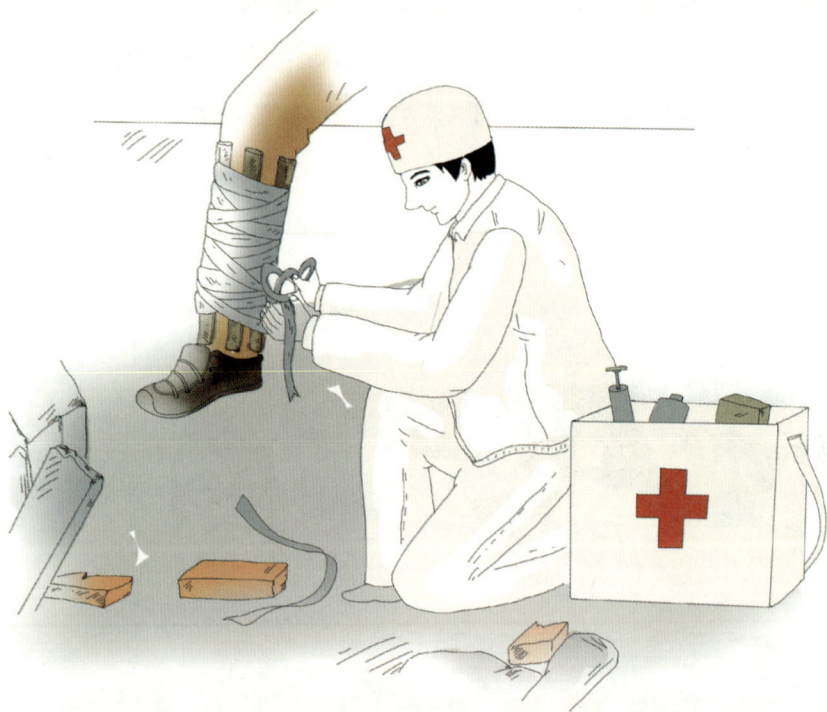

　　遇到四肢骨折、关节损伤的埋压者，应就地取材，用木棍、树枝、硬纸板等实施夹板固定。固定时应显露伤肢末端以便观察血液循环情况。